みんなは、生活をするなかでいろいろな単位をつかっています。
小学校（算数）では長さ、かさ（体積）、広さ（面積）、重さ、時間を
学習しますが、学習しない単位もたくさんあります。
この本では、学校で学習しない単位にもふれています。

広さ（面積）	重さ	時間
		時刻の読み方
		日 時 分
	kg g t	s（秒）
km² m² cm² ha a		

出典：文部科学省が発表した学習指導要領

JN212071

① いろいろな単位　単位とはなにか？

巻頭まんが

「お金も単位だ！」

日本では「円」というお金をつかって、あらゆるものやサービスの売り買いをして生活しています。じつは「単位とはなにか？」を考えるには、お金について考えてみるとわかりやすいのです。この本のはじめは、お金についてまんがで見ていきましょう。

えっ、昔は、お金がなかったの？！

いやだ〜、お兄ちゃん、それくらい、だれだって知っているよ。

でも、動物をとったり植物を集めたりして食べていた大昔は、自分たちが生きていくための食料を自分たちでとっていたので、お金は必要なかったのよ。そうしたくらしを「自給自足」の社会とよんでいるわ。

塩は、食料の保存のためにつかわれていたから、古くからだれにとっても価値の高いものだったの。だから、塩の量を基準にして、毛皮や魚、ほかのなんにでも交換すればいいってことなの。塩が、現代のお金のかわりにつかわれていたのね。

でも、塩は持ちはこんだり、分けたりするのには、不便じゃないかな？

お金のかわりにつかうのなら、きれいな石とか貝がらとか、みんながほしがるようなものをつかえばいいのに〜。

きれいな石ってのはいいね。宝石だもんね。お金といっしょだ。

物々交換は重い

お金は軽い

遠くに持ちはこぶにも便利でしょ。交換するのも、らくよ。

人類は、ほんの少しでちゃんと価値があると、だれもが認める金や銀を取引につかうことになったのね。それが「お金」のはじまりよ。金や銀なら小さくてすむし、いろんな形に加工できるしね。そうして、お金は世界じゅうでつかわれるようになったのね。

国や時代によってお金はさまざま

こうして登場したお金は、人びとにとってなくてはならないものになりました。お金が登場したことで、人びとはお金をつかって、あらゆるものの価値をはかったり、計算したりすることができるようになりました。じつは、ここで見た考え方が、この本で、「単位とはなにか」を考えるポイントになるのです。

米

貝

ビーズ

はね

やじり

つりばり

銀の棒

初期のお金

硬貨

紙幣

国や時代によって
お金のすがたはさまざまだけれど、
お金についての考え方は、時代を経ても変わらないようね。
この考え方のどこが「単位とはなにか?」に通じるのかな?
みんなもいっしょに考えていきましょう。

もっとくわしく

いま世界には約180種類のお金がある

日本は、現在の世界の国の数を196*としていますが、ひとつの国に必ず1種類のお金があるというわけではなく、いくつかの国で使用されているお金や、ひとつの国で複数のお金を認めていることもあるため、世界のお金の数は世界の国と地域の数と同じではありません。

*日本が国として認めた（承認した）数は195か国。これに日本を加えた数。

はじめに

　大昔の人類は、空に太陽がのぼるとともに起きて、しずむと寝るといった生活をしていました。そうした時代の人類がはじめてはかったものは、「時間」だと考えられています。夜空にうかぶ月が丸くなったり細くなったりする（月の満ち欠け）のを見て時間をはかったのです。その証拠として、月の満ち欠けの記録と思われる線が刻まれた石が、約3万年前の遺物から見つかっています。

　やがて狩猟・採集生活をしていた人類は、土地に住みついて穀物を栽培するようになります。そうなると、なにをするにも道具が必要。さまざまな道具を発明します。そうしたなかで、「長さ」や「かさ（体積）」などをはかる（計量する）必要が出てきました。

　古代エジプトでは、毎年ナイル川が氾濫し、その近くの農地が何か月ものあいだ水につかってしまいます。そして水が引いたあと、どこがだれの土地なのかがわからなくなってしまいました。　このため、土地をもとどおりにするため、はかること（測量）がおこなわれました。

　その後、農業が発展し、収穫量がどんどん増えていくと、それを売り買いするのに「かさ（体積）」や「重さ」をはかるようになります。

　そうしたなか、都市国家が誕生。紀元前8000年ごろになると、そこでくらす人びとは、金銀・宝石・香料など、あらゆるものの取引をはじめます。

　そうしているうちに、人類は「時間」や「長さ」、「かさ（体積）」、「重さ」のほか、さまざまな単位を必要におうじて発明していきました。

本シリーズは、現在わたしたちが日常的につかっているいろいろな単位について、みなさんが「目から鱗がおちる（新たな事実や視点に出あい、それまでの認識が大きくかわる状況をあらわす表現）」ように「そうだったんだ！」とうなずいてもらえるように企画したものです。題して「目からウロコ」単位の発明！ シリーズ。次のように5巻で構成しています。

「目からウロコ」単位の発明！（全5巻）	
① **いろいろな単位**	単位とはなにか？
② **長さ・角度・速さの単位**	人類は、いろいろなものをはかるようになった
③ **面積の単位**	洪水後の土地をもとどおりにはかるには？
④ **かさ・体積の単位**	農業の発展・収穫量を正しく知るには？
⑤ **重さの単位**	取引のために金銀・香料などをはかるには？

　それでは、いつもつかっているいろんな単位について、「そうなんだ！　そうだったのか！」といいながら、より深く理解していきましょう。

子どもジャーナリスト
Journalist for Children　**稲葉茂勝**

どこまでが
私の土地だっけ？

なわの長さではかって、
土地をもとどおりにしてもらおう。

もくじ

この本の見方

条約（→②巻 p30）に…
…ろが1959年に尺貫…

参照ページがあるものは、→ のあとにシリーズの巻数とページ数（同じ巻の場合はページ数のみ）を示している。

…けて産業革命が…
…が広がって外国と…

用語解説のページ（p30）に、その用語が解説されていることをあらわしている。

① そもそも「単位」とは？

わたしたちは、ものの長さをあらわすのに cm（センチメートル）や m（メートル）、かさ（量）は、cc（シーシー）や L（リットル）、重さは、g（グラム）や kg（キログラム）など、いろいろな単位をつかっています。

よりどころとなる目あて（基準）とは？

「単位」とは、長さや重さなどをはかる（計量する→p16）ための「基準」のことです。

「基準」という言葉はとてもよくつかいますが、辞書には、「よりどころとなる目あて」などと記されています。

でも、小学生のみんなにとっては、かえってわかりにくいかもしれません。「目あて」という言葉もわかりにくいし、「よりどころとなる」とは？　さらに辞書の「よりどころ（拠り所）」の項目を見てみると、「それに基づき、たよりとする所。根拠」とあります。どんどんわからなくなってきたかもしれません。

そこで、単位について「そうだったのか」とわかってもらいたくてもちだしたのが、お金というわけです。

巻頭のまんがの最後にはこうあります。

人びとはお金をつかって、あらゆるものの価値をはかったり、計算したりすることができるようになりました。

お金の目あて

塩1袋と魚何匹が交換できる？

じつは、単位についても、「単位をつかって、あらゆるものの価値をはかったり、計算したりすることができるようになりました」と、みんなに理解してほしいと願っているのです。いいかえれば、「単位をつかって、ものを比較したり計算したりしている」と、理解してもらいたいのです！

もしも単位がなかったら

世の中に単位がなかったらどうなると思いますか？ 食べ物や水をはじめ、あらゆるものをはかること（計量する→p16）ができません。くらべたり計算したりすることもできません。

たとえば、何人かで水くみをしたとしましょう。それぞれが、「いっぱいくんできたよ」といっています。でも、だれがいちばんたくさんくむことができたかは、「かさ」（→p14）や重さをはかってみないとわかりません。

親指と人さし指を広げた長さにそろえよう

長さの目あて

塩の袋より重いリンゴはどれかな？

重さの目あて

収穫した米は、この容れ物何個分になるかな？

かさ（量）の目あて

単位がちがう国

大昔、人類は単位をもっていませんでした。やがて、いろいろな国で単位が発明されます。でも国によって単位がばらばら。長さをあらわす単位としてm をつかう国もあれば、ft をつかう国もあったり（→p22）、日本では、「尺」という単位がつかわれていたりしました（→p23）。

単位がちがうと、さまざまな問題が起こります。たとえば、物の売り買いをおこなうとき、相手の国の単位（長さや量、重さ）がわからないため、お金をいくら払えばよいかわかりません。また、単位のちがいを悪用して相手をだます人が出てきたり、国どうしの争いが起きたり……。

このことも、お金にたとえるとよくわかります。ことなったお金をつかっている国を相手にしたら、おたがいにどうなるでしょうか。

文明が進歩するにしたがって

18世紀から19世紀にかけて産業革命★が起こります。その後、文明が広がって外国との取引がどんどんさかんになると、問題がますます深刻になってきました。

すると人びとは世界で共通してつかえる単位が必要だと考えるようになりました。そして「国際単位系（SI）」（→右ページ）という世界共通の基準をつくるに至ります。

「単位系」とは、「関係しあっているいくつかの単位」のことです。

この「SI」には、左に示した長さの単位m や重さの単位の kg などの単位が示されています。

大きなりんご!!
3フィートぐらいの
大きさだ

この大きさなら
40インチは
あるんじゃないかな?

1メートルより
小さいよ。

5ポンドで
売りますよ!

5ドルより
高い?

日本の円だと
いくらになるの?

「SI」とは、なにか？

「SI」は、「国際単位系」を意味するフランス語の Le Système international d'unitès の頭文字です。これは、「7つの基本単位」と「SI組み立て単位」、SI接頭語（→p26）で構成されています。

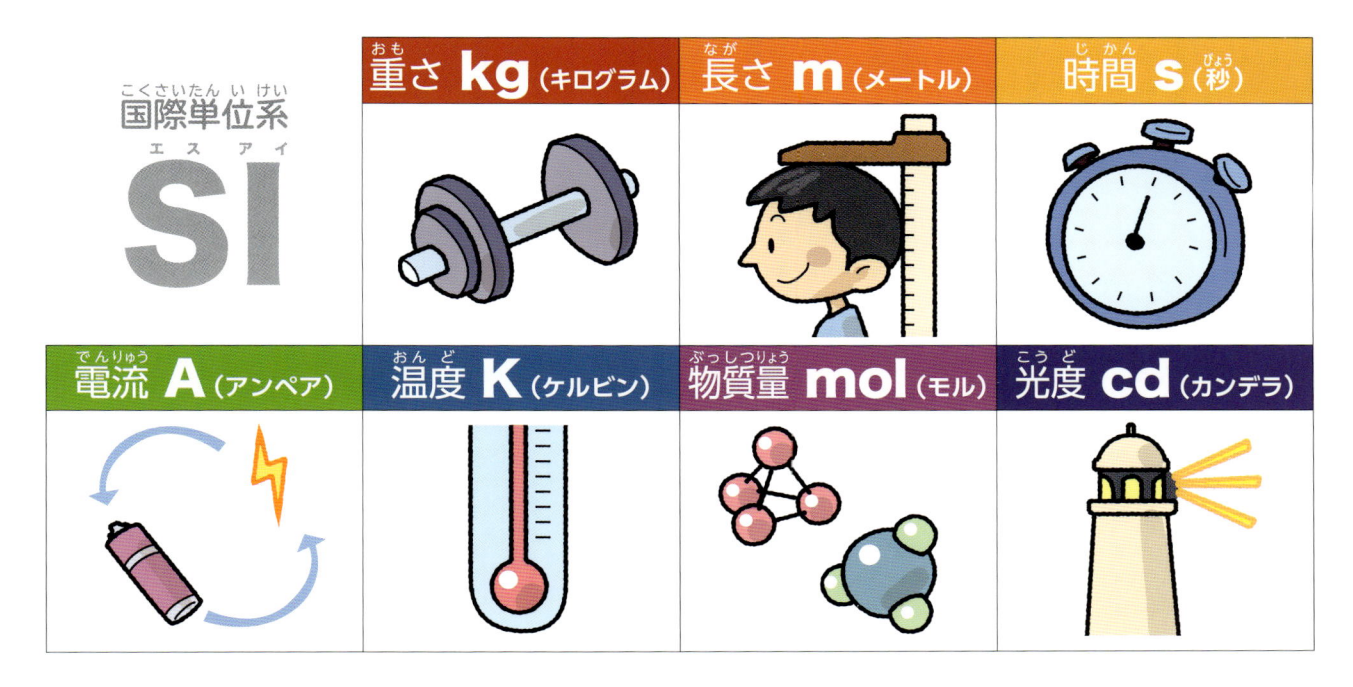

国際単位系 SI	重さ kg（キログラム）	長さ m（メートル）	時間 s（秒）
	電流 A（アンペア）	温度 K（ケルビン）	物質量 mol（モル） 光度 cd（カンデラ）

7つの基本単位

「SI」には、7つの基本単位として kg、m、s（秒）、A、K、mol、cd の7つの単位が定められています。この7つの基本単位に定められた単位はどれも、現代人の生活に欠かせないものばかりです。

でも、そのなかで現在日本の小学校で学習しているのは、m、kg、s（秒）の3つ（長さ、重さ、時間）だけです（→p14）*。

＊5年生の理科の学習で A も出てくる。

SI組み立て単位

「SI組み立て単位」とは、面積をあらわす m^2 や重さの kg、速さをあらわす m/s など、合計で、22個あります。その22個はそれぞれ、でき方によって次の3種類に分類されています。

2乗、3乗であらわした単位
m の右上に小さな 2 や 3 をつける ➡ m^2、m^3 など

かけ算であらわした単位
k と g をならべて kg とあらわす
➡ kg、km など

わり算であらわした単位
長さ（きょり）の m を 時間の s（秒）で割ったことを /（斜線）という記号であらわす
➡ m/s など（速さをあらわす）

② 小学校で学習する単位

みんなは生活をするなかでいろいろな単位をつかっています。小学校（算数）では長さ、かさ（体積→右ページ）、広さ、大きさ、重さ、時間を学習しますが、学習しない単位もたくさんあります。

※だから、この本では学校で学習しない単位にもふれています

	長さ	かさ（体積）	広さ（面積）
1年生			
2年生	m cm mm	L dL mL	
3年生	km		
4年生			km² m² cm² ha a
5年生		m³ cm³	
6年生			

何年生で学習するの？

　上の表は、長さや、かさ（体積→右ページ）、広さ（面積）、重さ、時間の単位を何年生で学習するかを示したものです。

　この表からわかることは、長さをあらわす単位（m・cm・mm）と、かさをあらわす単位（L・dL・mL）、そして、時間の単位（日・時・分）は小学2年生と、早い時期に学習するように定められていることです。

　その理由は、みんながもっと小さいころから、長さや「かさ」についての経験を多くしてきているため、はやく学習しても大丈夫だと考えられているからなどがあげられています。長さの単位は、2年生で m・cm・mm と直接比較できる単位を学習し、3年生で直接比較ができない km を学習します（→②巻）。

かさの単位

　小学2年生ではかさの単位として L・dL・mL を学習します。2年生で、かさをくらべることをしっかり学び、5年生で学習する体積の単位（m³・cm³）につなげていくようになっているのです（→④巻）。

もっとくわしく

「SI」で定められているのは「秒」だけ

　この表のなかの単位は、時間の単位の日・時・分をのぞいてすべて「SI」（→p13）に定められた単位です。「SI」に定められた時間の単位は、秒だけです。

※ L は SI に定められていないが、SI と併用が認められている単位とされている（1L ＝ 1000 cm³）。

左ページで記したとおり、長さの単位（m・cm・mm）は、小学2年生で学習しますが、広さ（面積）の単位（km²・m²・cm²・ha・a）は、小学4年生になってから学習します（→③巻）。広さ（面積）の単位（km²・m²・cm²・ha・a）を学習する前に、小学2年生で「かさ」とよばれる体積の単位（L・dL・mL）を学習することになっています。「かさ」とは、かんたんにいえば「ものの大きさ」のことです。

みんなは、小さいころから大きさをくらべる経験を重ねてきているはずです。だから、長さと同じように、体積（かさ）についても学習できると考えられています。

また、かさをくらべるのは、広さをくらべるよりやりやすいとも考えられています。

重さ			時間	
			時刻の読み方	
			日　時　分	
kg	g	t	s（秒）	

出典：文部科学省が発表した学習指導要領

重さの単位

重さは小学3年生で学習します。5年生で立方体の体積を学習し、1辺が10cmの立方体の体積は1000cm³であることを学びます。また、水1000cm³の重さが1kgであることも学習します（→⑤巻）。

じつは、重さの単位であるkgは、かつてフランス人が1mの10分の1の長さ（10cm）を1辺とする真四角の箱（立方体）に入る水の量だと決めたことによります。

重さの単位の発明が、1辺が10分の1mの真四角の箱に入った水の重さであ

ることは、小学校であつかわなければならないと定められてはいませんが、このシリーズを読んでいるみんなには知っておいてほしいと思います。

なお、このことについては、5巻24ページを見てください。

1000 cm³　　**水1000 mL（1 L）**　　**1 kg**

15

3 計量と単位

ここであらためて「計量」について考えてみましょう。長さをはかったりかさをはかったりすることが計量だということは、わかりますが、人類がはじめて計量したものが月の満ち欠けだというと、よくわからないのではないでしょうか。

人類はじめての計量は?

先史時代★の遺跡の宝庫といわれ、クロマニョン人★化石やラスコー遺跡★などが発見されたフランスのドルドーニュ地方で、およそ3万年前の遺跡から細かい線が刻みこまれた古代の石が発見されました。

そしてその後の研究で、その石に刻まれた溝は月の満ち欠けの記録ではないかと考えられるようになったのです。

3万年前といえば、地球は氷河時代★の終わりごろで、旧石器時代★後期にあたると考えられています。

それが月の満ち欠けの記録だとすれば、人類がはじめて計量したものが、月の満ち欠けで、時間の単位に関係するということになります。

しかし、残念ながらその石の溝が月の満ち欠けの記録だということは、まだ証明されていません。

マンモスの骨にみつかった溝

今から1万3500年前のものでは、ウクライナのゴンツィ遺跡で発見されたマンモスの骨にも細い溝が刻まれていることがわかりました。

その骨を調査した人たちは、その溝が4つの周期になっていることから、それが新月→上弦→満月→下弦→新月を示していて、全体で、月の満ち欠け（→p19）をあらわしているのではないかと推測しました。

人類の祖先たちは、現代とくらべものにならないほどの暗闇のなか、無数の星とくらべて、夜空に明るく輝く巨大な月をながめていたはずです。

そして、太陽がのぼって朝になり、しずんで夜になると、月が少しだけ形を変えていく。その変化が、周期的であることにも気づ

いたのではないでしょうか。

当時の人類が、そのようすを記したとしてもふしぎではないでしょう。

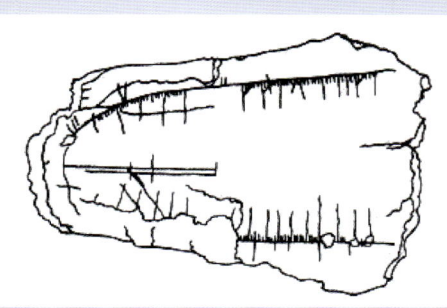

出典：日本計量新報

マンモスの骨に刻まれている溝

7日か8日ごとに刻み目がつけられているが、それは新月、上弦、満月、下弦の4つの周期になっている（→p19）。この4つの月齢*に相当する節目の線が他の一日ごとの線より長くなっているのがわかる。

＊月の満ち欠けの状態を知るための目安になる数字。新月のときを0として、新月から何日経過したかをあらわしている。

子どもも月の満ち欠けに気づくはず

これは想像ですが、子どもたちは、夜空にうかぶ明るい月が、大きくまん丸になったり細くなったりをくりかえしているのを、幼いころから見ています。昔の人も夜空を見て気がついたことは、月の形が毎日変わるということでした。

現在の日本では、子どもたちは小学校4年生で、月の満ち欠けに関する学習をおこなっていますが、多くの子どもたちが月をながめて満月や三日月に気づいたのは、もっと幼いころのはずです。

MOON CALENDAR 2024 JANUARY

☐ 満月　☐ 新月

日	月	火	水	木	金	土
	1 19.1	**2** 20.1	**3** 21.1	**4** 22.1	**5** 23.1	**6** 24.1
7 25.1	**8** 26.1	**9** 27.1	**10** 28.1	**11**	**12** 0.6	**13** 1.6
14 2.6	**15** 3.6	**16** 4.6	**17** 5.6	**18** 6.6	**19** 7.6	**20** 8.6
21 9.6	**22** 10.6	**23** 11.6	**24** 12.6	**25** 13.6	**26**	**27** 15.6
28 16.6	**29** 17.6	**30** 18.6	**31** 19.6			

2024年1月の月の満ち欠けをあらわしたカレンダー。カレンダーの左下にある数字は、それぞれの日の正午の月齢（→p17）を示す。

月画像：©NASA's Scientific Visualization Studio、制作：アストロピクス

月の満ち欠け

月は地球のまわりを回っている（公転している）ため、太陽の光で照らされる部分が地球上では変化して見えます。これを「月の満ち欠け」といっています。

太陽

地球から見た月

地球から見て、太陽が月を真正面に照らしているときが満月、そこからしだいに左のほうへ欠けて細くなり、月が太陽の光のほうにくると、太陽が照らされている面が地球から見えない新月となります。

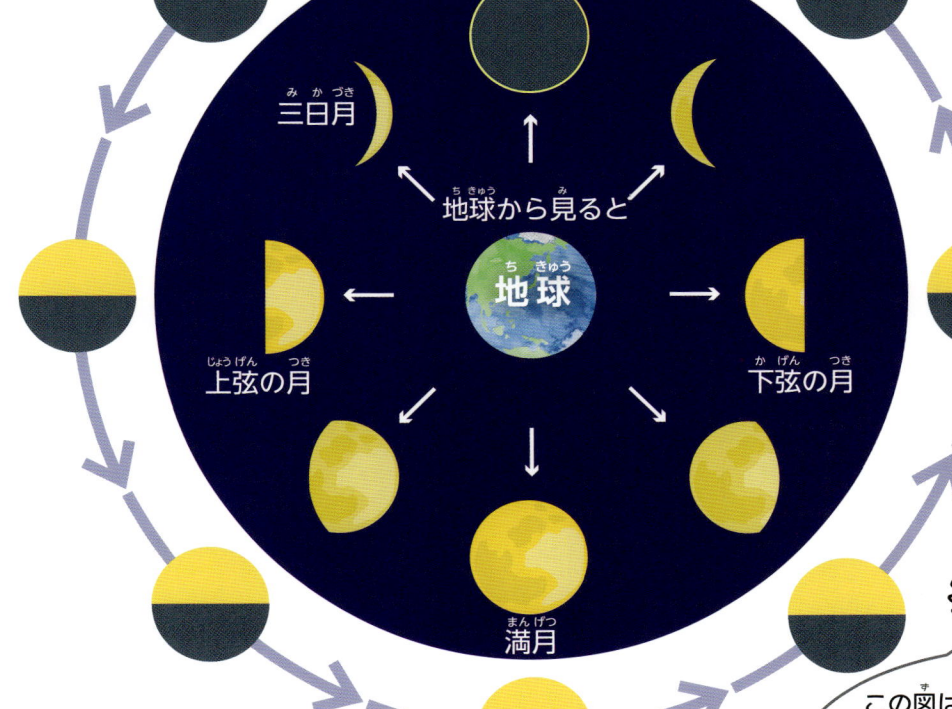

月

新月

三日月

地球から見ると

地球

上弦の月

下弦の月

満月

この図は6年生で習うものよ。ここでは、なんとなく月の満ち欠けを大昔の人たちも気がついたことを知ってほしいのでのせました。

月の満ち欠け表

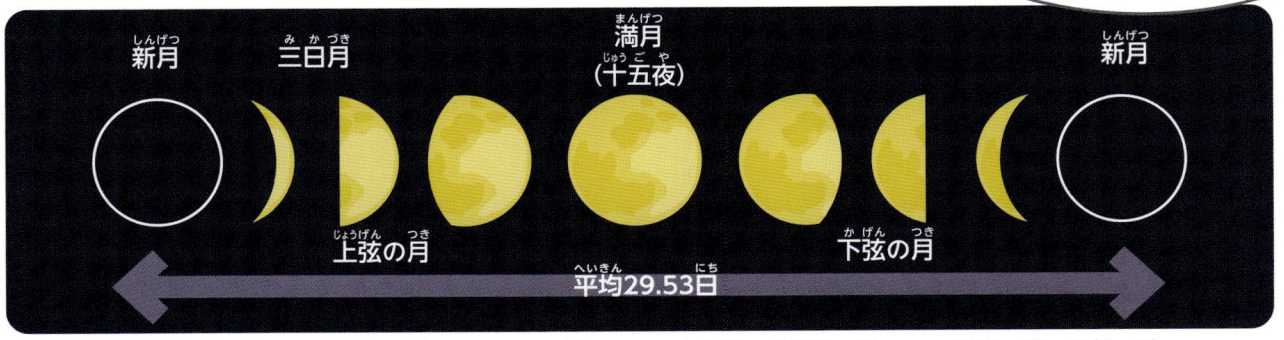

新月　三日月　満月（十五夜）　新月

上弦の月　下弦の月

平均29.53日

空に見える月が、目に見えない新月（暗い）のときを零として、三日月（部分的に明るい）、上弦の月（半円の月）、そして大部分が明るくなっていき、丸い満月（完全に明るい）になり、元の新月にもどるまでの日数は、およそ29.5日となる。

4 人類の歴史と単位の発明

人類は、直立二足歩行をするようになると、今から300万年前ごろには手をつかって石器をつくり、やがて狩猟採集生活から農耕生活に移っていきました。こうした人類の歴史が単位の発明につながったのです。

道具をつくりはじめた人類

すでに食物を加工したり火をおこしたりできるようになっていた人類は、紀元前1万2000年ごろになると、土地に住みついて（定住して）農業をはじめます。当然、彼らが住むには家が必要になりました。

そのころの地球はというと、しだいに暖かくなってきていました。氷河がとけ、野山も水にあふれ、湖や沼が出現していたのです。雨も多くなって、草や木が勢いよく生い茂るようになっていました。

そうしたなか人類は、土を掘って柱を立て屋根をかぶせたすまいから、しだいにしっか

りした建物をつくるようになっていきます。

人類は、農業でつかう道具や家を建てるのにつかう道具などをどんどんつくっていきます。そして、長さの単位を発明するのです。

また、人類は食糧や水を分配したり、ためたりするための土器をつくるようになり、かさ（→p14）の単位の発明につながっていきました。

こうして人類は、長さやかさ、重さなどの単位をつかって、比較したり計量したりするようになっていきます。

計量の意義

　人類は、さまざまなものの取引や売り買いをおこない、交流を広げるようになります。すると、人びとの集まるところ、すなわち「街」が誕生。都市へと発達していきます。そこに自然と支配者があらわれます。

　当時の支配者たちは、自分の権威の象徴としてさまざまなものを計量するようになりました。ハンムラビ王★が太陽神シャマシュから神殿を建てる権限をあたえられた証として、直尺と巻き尺をわたされているようす（→写真①）が彫られている古い石棒が見つかっています（石棒はルーブル美術館に所蔵されている）。

　また、古代エジプトの『死者の書』★のなかにも、冥界の神アヌビスに導かれて、死者の心臓が正義の女神マアトの真実の羽根で天びんによってくらべられ、生前に不正を犯したかどうかをはかられているところがえがかれています（→写真②）。

　中国をはじめて統一した秦の始皇帝★は紀元前221年、度＝長さ・量＝体積・衡＝重さの統一をおこないました（→下のイラスト）。

　これら3つの事実は、計量の単位をもとめることが支配者の権威の象徴である証だと考えられています。

① ハンムラビ王が太陽神シャマシュから直尺と巻き尺をわたされているようす。

② 死者の書。天びんをあやつっているのが冥界の神アヌビス。

始皇帝は、度量衡を統一するために、たくさんの度量衡器をつくった。計量器を定めることは、国を統一するための対策のひとつだったのだ。

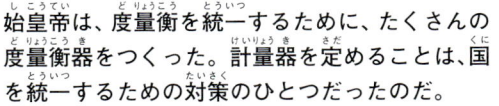

分銅

統一ます

5 いろいろな単位

単位は「SI」（→p13）に定められているもの以外にもたくさんあります。
長さや重さの単位としてヤード・ポンド法が世界的につかわれています。
重さの単位の lb（ポンド）や oz（オンス）も知られています。

ヤード・ポンド法とは

アメリカでは現在でも、長さの単位に yd、重さの単位に lb を基本の単位とした単位系（→p12）の「ヤード・ポンド法」をつかっています。

1yd の3分の1の長さが、1ft とされ、36分の1が 1in にきめられています。また、1yd を m に換算すると、0.9144m にあたります。

$$1yd = 0.9144m$$

• サッカーゴールの公式サイズは
高さ 8ft（244cm）
幅 8yd（732cm）

• ピザの M サイズは
直径 10in（約25cm）
• L サイズは
直径 14in（約36cm）

ボーリングのボールの重さは lb、大きさは in であらわす
• ジュニアは 6〜8lb（約2.7kg 〜 3.6kg）
• 力に自信のないおとなは 12lb（約5.4kg）以下
自信があれば 13lb（5.9kg）以上

ちょっとおかしな話

① kg は基本

「SI」（→p13）では重さの単位は g ではなく、kg を基本単位として定めています。そのため、g は、kg の1000分の1と定義されています。この理由は5巻24ページを読んでください。

② 「ポンド」の語源はラテン語

重さの単位の「ポンド」は、その音（読み方）と無関係に lb と表記します。

これは、ラテン語の libra pondus* が語源になっていることによります。

$$1lb = 約0.454kg = 約454g$$

③ 「オンス」の語源はオランダ語

重さの単位の「オンス」は、オランダ語の「onz」が語源となり oz と表記します。

$$1oz = 約28g$$

デニム生地の重さは oz であらわす
• 1平方ヤード（約0.9m×0.9m）あたりの生地の重さは
一般的なデニムで 13oz（364g）前後

* libra は「天びん」、pondus は「ぶら下がる」の意味。古代の人たちが重さをはかるときは天びんを使用していたことから、「〜リブラの重さ」が省略されて、pondus になり、ポンドの由来となった。

日本の単位

江戸時代以前の日本では、長さを「尺」、重さを「貫」、体積を「升」とあらわしていました。これを「尺貫法」とよびました。

もっとくわしく

尺貫法がつかわれた期間

尺貫法は、701年に大宝律令★が制定されたころからつかわれていて、日本が1885年に国際的な単位の統一を目指すメートル条約（→②巻p14）に加盟したころからはメートル法と併用。ところが1959年に尺貫法は廃止され、1996年には国際単位系（→p13）に統一。現在では取引や証明での使用が禁止されています。

長さ

1里（り）	3.9273 km	
1町（ちょう）	109.09 m	
1間（けん）	1.8182 m	
1尺（しゃく）	30.303 cm	
1寸（すん）	3.0303 cm	
1分（ぶ）	3.0303 mm	
1厘（りん）	0.30303 mm	など

1寸 昔話に登場する一寸法師の名前には「一寸」ということばが入っている。1寸は、尺貫法による単位「1尺」の10分の1。つまり、一寸法師の身長は約3cmとなる。

1尺 日本の伝統的な楽器「尺八」の長さは、約54.5cm。これは尺貫法であらわすと1尺8寸となる。この長さが、「尺八」という名前の由来となっている。

重さ

1貫（かん）	3.75 kg	
1斤（きん）	600 g	
1両（りょう）	37.5 g	
1匁（もんめ）	3.75 g	など

1匁 日本独自の重さの単位として「匁」がある。匁の名前は、江戸時代の一文銭の重さ（目方）からきている。一文銭 → 1文目 → 1匁となった。現代の5円硬貨は、3.75gでちょうど1匁。

1貫 1貫は1匁の1000倍に当たる。江戸時代に大量の一文銭を持ちあるくために、1000枚をひもで貫通させてひとまとめにした分の重さから、1000匁＝1貫となった。

かさ（体積）

1石（こく）	180.39 L	
1斗（と）	18.039 L	
1升（しょう）	1.8039 L	
1合（ごう）	180.39 mL	など

 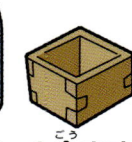

1斗缶　1升びん　1合ます

1升 1合ますに入る液体の量は180mLで、1升びんの10分の1の量である。これに対し、1斗缶は18Lで、1升びん10個分の量を入れることができる。

面積

1町（ちょう）	9917.4 m²	
1反（たん）	991.74 m²	
1畝（せ）	99.174 m²	
1坪（つぼ）	3.3058 m²	
1畳（じょう）	1.6562 m²*	など

1坪 坪は、土地の広さをあらわす単位。1辺が1間（＝6尺＝約1.8m）の正方形の面積が1坪。およそ2畳（たたみ2枚分）の広さにあたる。

*たたみは中京間（→③巻p2）を基準とする。

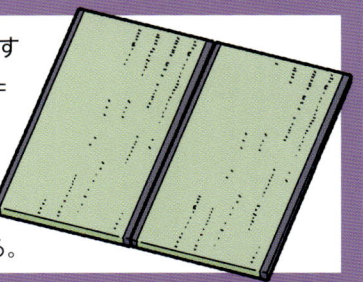

2種類の重さとその単位

重さの単位といえば、すぐに思いだすのが kg（キログラム）や
t（トン）ですが、もうひとつ重さをあらわす単位（N）もあります。
しかも、重さそのものも「質量」と「重量」の2種類があるのです。

質量 質量は、天びんばかりの片方の皿に分銅を、もう片方の皿に物体をのせ、重さをつりあわせることではかることができる。

重量 重量は、バネばかりの下部についているフックに物体をつるし、バネの伸びによってはかる。

「質量」と「重量」

みんなにとって、質量と重量とで、どちらがなじみのある言葉かと問われたら、どう答えますか？　重量のほうがよく聞くというはずです。その「重さ（重量）」は、はかる場所によって変化します。

「重量」とは、その物体にはたらく重力の大きさを意味します。そのため同じ物体でも、月の上など、地上と重力のちがう場所ではかればちがってくるわけです。

重力をあらわす単位は N です。そう、すべてのものに、たがいに引っ張りあう力（万有引力→⑤巻p27）があることを発見し

た、物理学者のアイザック・ニュートンの名前からとった単位です！　ただし、N は科学者などがつかう単位で、一般の人は重量も質量と同じで、kg や t で表示しています。

いっぽう、「質量」とは、そのもの自体の重さのこと。ものならなんにでも「重さ（質量）」があります。動物や人の体重も質量です。水や空気にも重さ（質量）があります。

「質量」は、どこではかってもかわりません。地球上、いや、宇宙のなかのどこではかってもかわらない重さです。

場所によってことなる体重

体重は、体の重量のことです。そのため、重力の影響を受けて、はかる場所によって変化します。たとえば重力が地球の6分の1しかない月の上ではかると、地球上ではかった体重の6分の1となります。

そうした極端なことでなくても、地球上でも重力は場所によって少しことなります。北極・南極とくらべて、赤道に近づくほど重力が小さくなります。これは、地球の自転による遠心力（→⑤巻p26）が赤道上で最大になるためです。北極・南極と赤道での重力には、およそ0.5％の差があります。

また、日本では、北海道よりも東京、東京よりも沖縄ではかった体重の方が、ほんのわずかながら軽く表示されます。また、同じ緯度でも、平地よりも山の上などの高度が高い場所ほど重力が小さくなります。計算上では、標高3776mの富士山の山頂では、平地ではかった体重よりも約1000分の1軽くなるということになります。

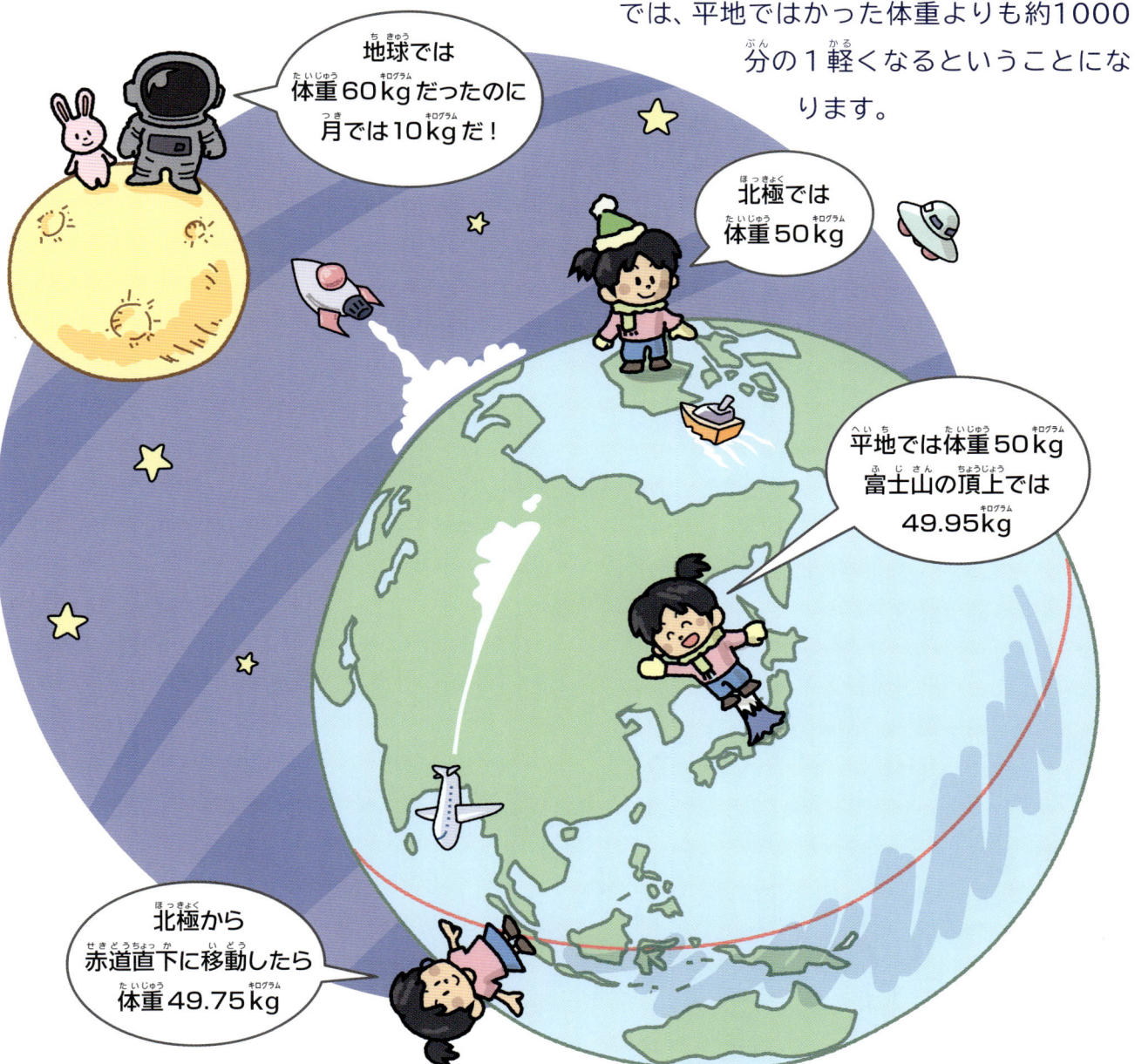

6 SI接頭語

「SI接頭語」とは、けた数の長い大きな数や小さな数をかんたんに書き記すために定められた「接頭語」のことで、「SI」(→p13) 単位名の頭に付け加えて、元の単位を何倍にしたものかをあらわします。

SI接頭語の代表

SI接頭語の代表は、kです。これは、1000倍をあらわす記号です。1000mを1kmと書くのもこのためです。また、倍数をあらわすSI接頭語には、100倍のh、10倍のdaがあります。

いっぽう、10分の1倍のcや100分の1倍のd、1000分の1倍のmが、よくつかわれています。

科学技術の発達により

近年、コンピューターのデータの大きさなど、けた数の非常に大きな世界では、100万倍をあらわすM、10億倍のG、1兆倍のTも一般的になってきました。

いっぽう、微小な世界の現象をあつかうために、100万分の1倍のμ、10億分の1倍のn、1兆分の1倍のpなども用いられています。

小さな数をあらわす接頭語			
記号	読み方	日本語	十進法表記
d	デシ	分	0.1
c	センチ	厘	0.01
m	ミリ	毛	0.001
μ	マイクロ	微	0.000001
n	ナノ	塵	0.000000001
p	ピコ	漠	0.000000000001

大きな数をあらわす接頭語			
記号	読み方	日本語	十進法表記
da	デカ	十	10
h	ヘクト	百	100
k	キロ	千	1,000
M	メガ	100万	1,000,000
G	ギガ	10億	1,000,000,000
T	テラ	1兆	1,000,000,000,000
P	ペタ	1000兆	1,000,000,000,000,000
E	エクサ	100京	1,000,000,000,000,000,000
Z	ゼタ	10垓	1,000,000,000,000,000,000,000
Y	ヨタ	1秄	1,000,000,000,000,000,000,000,000

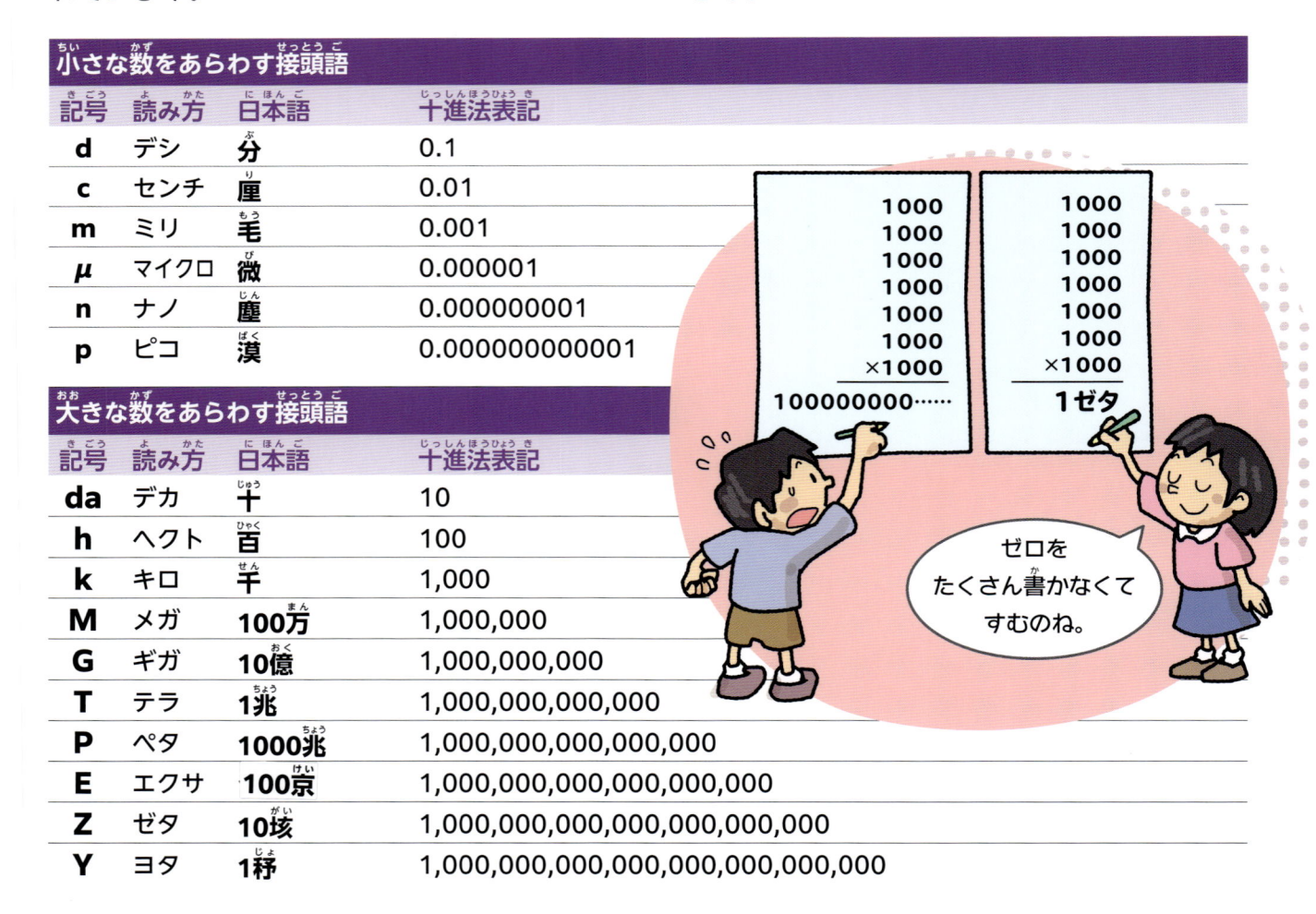

> 1000
> 1000
> 1000
> 1000
> 1000
> 1000
> ×1000
> 100000000……

> 1000
> 1000
> 1000
> 1000
> 1000
> 1000
> ×1000
> 1ゼタ

ゼロをたくさん書かなくてすむのね。

単位になった学者たち

現在世界じゅうでつかわれている単位には、
人の名前からとったものが多くあります。いろいろな分野で活躍した人の
業績をたたえるために、名前が単位として残されているのです。

あのニュートンも

リンゴが木から落ちるのを見て万有引力の法則を発見したアイザック・ニュートンにちなんで、Nという単位がつくられたのは、その代表的な例です（→p24）。

Nは、力の大きさをあらわすのにつかわれます。m など、ふつう単位は小文字で表記されますが、下に示すのはどれも大文字です。じつは、人の名前からとってつくられた単位には、アルファベットの大文字が用いられているのです。

あらわしている単位		由来となった学者	
電流の大きさ	A（アンペア）	フランスの数学者	アンドレ・マリ・アンペール
絶対温度★	K（ケルビン）	イギリスの物理学者	ウィリアム・トムソン（ケルビン卿）
周波数	Hz（ヘルツ）	ドイツの物理学者	ハインリヒ・ルドルフ・ヘルツ
力の大きさ	N（ニュートン）	イギリスの数学・物理学者	アイザック・ニュートン
圧力の大きさ	Pa（パスカル）	フランスの数学・物理学者	ブレーズ・パスカル
エネルギーの大きさ・熱量	J（ジュール）	イギリスの物理学者	ジェームズ・プレスコット・ジュール
電力	W（ワット）	イギリスの技術者	ジェームズ・ワット
電圧の大きさ	V（ボルト）	イタリアの物理学者	アレッサンドロ・ボルタ
電気の抵抗の大きさ	Ω（オーム）	ドイツの科学者	ゲオルグ・ジーモン・オーム
磁力の強さ	T（テスラ）	アメリカの物理学者	ニコラ・テスラ
放射能の強さ	Bq（ベクレル）	フランスの物理学者	アントワーヌ・アンリ・ベクレル
放射線の量	Sv（シーベルト）	スウェーデンの放射線学者	ロルフ・マキシミリアン・シーベルト

ウィリアム・トムソン
「絶対温度」の単位である「K」は、トムソンの膨大な業績に対して授けられた爵位「ケルビン男爵」の「Kelvin（K）」がつかわれている。

アイザック・ニュートン
万有引力の法則は、光の性質に関する発見や、微分・積分法の発明と合わせて、ニュートンの三大業績とされている。

ジェームズ・ワット
蒸気機関の発明者としても有名。蒸気機関の改良をおこない、交通手段や輸送など産業の発展に大きく貢献。

7 1日を24時間に分けた理由

1日が24時間であることを知らない人は、ほとんどいないでしょう。しかし、「1日は24時間」と、だれが？　いつ？　どこで？　どうやって？　決めたのでしょうか。

このページの内容は中学生で学習するものだから、小学生の人にはむずかしいね。でもがんばって読んでほしいな。

時間の単位（時・月・年）

人類が時間をはかる単位として最初につかったのは、「日」だと考えられます。なぜなら「1日」は太陽がのぼってからしずみ、ふたたびのぼるまでの長さということで、だれもがわかりやすいことだったからです。

そして人類は、その「日」を基準として、月の満ち欠けを観察します。すると月の出ない日（新月）が30日くらいでふたたびやってくること、三日月、半月、満月もそれぞれが30日くらいでふたたび同じ形の月が夜空にあらわれることに気づきます（→p19）。これが「月」という時間の単位になりました。

また、人類は、昼と夜がほぼ同じ長さになる春分・秋分を基準にして、この30日ほどで月の満ち欠けが1周して、それを12回くりかえすと1年になることを理解するように

なります。それが、時間の単位の「年」です。

いっぽう、1日をいくつに分けるかについては、1日をまず昼と夜に分け、それぞれをこの12という数で、昼は12時間、夜も12時間として分け、1日の時間の単位「時」を決めました。

こうして人類は、1日が24時間であること、1月が30日か31日、1年は365日か366日（うるうどし）であることを決めたのです。これが、時間の流れを年・月・週・日といった単位に当てはめて数えるようにした「暦」です。暦を考え出したのは紀元前にシュメール人★がつくったメソポタミアでのことでした。その後、古代エジプト時代には、ほぼ現代と同じ考え方の暦ができていたと考えられています。

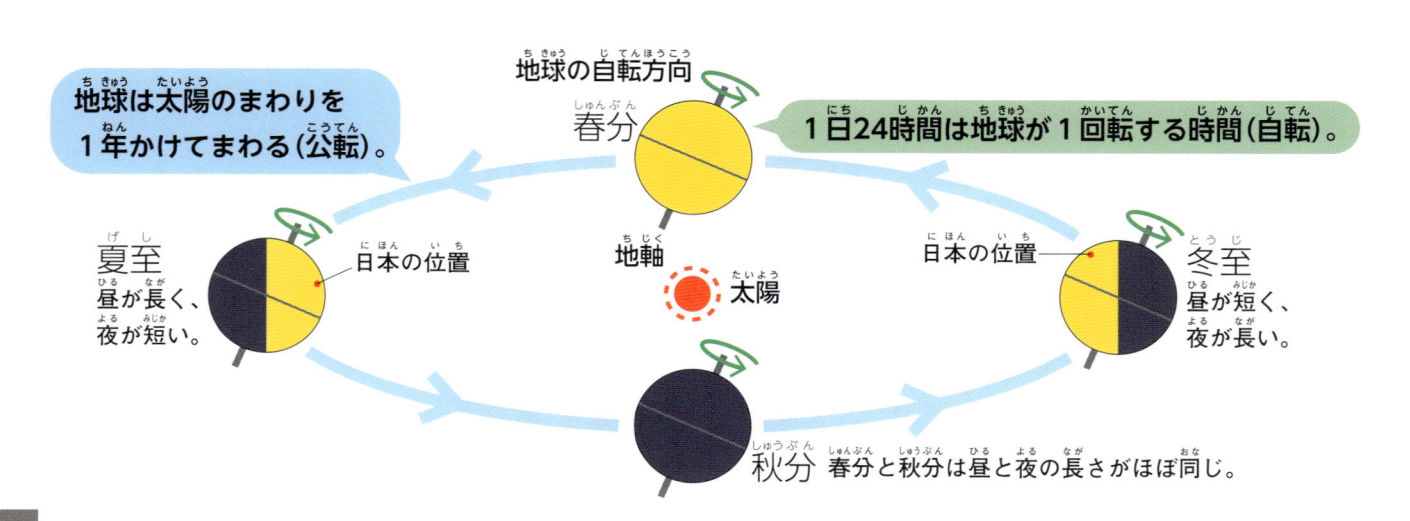

地球の自転方向

地球は太陽のまわりを1年かけてまわる（公転）。

1日24時間は地球が1回転する時間（自転）。

春分

夏至　昼が長く、夜が短い。　日本の位置　地軸　太陽　日本の位置　冬至　昼が短く、夜が長い。

秋分　春分と秋分は昼と夜の長さがほぼ同じ。

暦の意味

　時間の流れを単位で数えることができる暦があれば、できごとがいつ起きたかを記録することができます。過去の暦の記録により、作物の種は、いつまけばいいか、漁はいつ網をかければいいかなどがわかります。

　また、集団生活で同じ暦をつかうことで、いつはたらき、いつ休めば、みんなが公平になるかなどがわかります。ほかにも、いつ祭をするかなど、生活に欠かせないことが、みんなで共有することができるようになり、人間社会が発達していったのです。

時計の起源

　「時計」とは、時をはかる道具のこと。時計の歴史は、紀元前3500年代のメソポタミア文明と紀元前3000年代の古代エジプト文明の時代までさかのぼります。

　人類が時間を記録した背景には、農業の発展がありました。農作物の種をいつまいて、いつ収穫すれば豊作となるのかなど、時が大きく影響していたことから、季節や時間（何月か？）を知る必要が出てきました。

　こうしたなかで人類は、時計をつくることになりますが、はじめてつくったのは、日時計でした。

　その日時計は、太陽の影を利用したものでした。メソポタミア文明と古代エジプト文明に残された痕跡からいくつも発見されています。しかし、日時計には弱点があります。太陽の出ていない日や夜、建物のなかでは、時間がわかりません。そこで考えだされたのが、水時計です。

　水時計は、底に穴が開いていて、日没とともに底の栓を抜き水面の高さの変化で時をはかるというものです。

　左ページに記した「1日を12で割る」には、昼間は日時計を、夜は水時計を利用しておこなったと考えられています。

　このように、人類は時をはかり、時間の単位をつくりましたが、それは長さやかさ（量）、重さの単位を発明するよりも前だったと考えられます。このことからも「人類はじめての計量は？（→p16）」ほか、この本で見てきたとおり、人類が発明したはじめての単位は時間の単位だといってもよいのではないでしょうか。

水時計

古代ペルシアの水時計。天候によって水が蒸発したり、凍ってしまうため、中世になると、環境に影響を受けない砂時計などさまざまな時計がつくられた。

日時計

目盛りがついた盤上に指針を立て、太陽の動きで変化する影によって時刻を知るしくみ。写真は、神奈川県横浜市にある山下公園の日時計。

用語解説

本文を読む際の理解を助ける用語を50音順にならべて解説しています（本文のなかでは、右肩に★印をつけた用語）。（ ）内は、その用語が掲載されているページです。★印は初出にのみつけています。

旧石器時代 （P16）

人類が、石でつくった道具である石器をつかっていた最古の時代。狩猟や採集、漁労によって生活していた。

クロマニョン人 （P16）

フランスにあるクロマニョン岩陰遺跡から発掘された化石人類。現在のヨーロッパ人の祖先の一部と考えられている。すぐれた石器制作の技術をもち、洞窟壁画などの芸術作品を残した。

産業革命 （P12）

イギリスで機械をつかった商品の大量生産がはじまり、産業・経済・社会のしくみが大きく変化した歴史的なできごと。

死者の書 （P21）

死者を守るための呪文や生前のおこないを、パピルスという植物でつくった紙に記した文書。死者とともに埋葬された。

シュメール人 （P28）

紀元前3500年頃から、メソポタミア南部のチグリス川・ユーフラテス川流域に都市国家をつくり、メソポタミア文明の基礎を築いた人びと。世界最古の文字であるくさび形文字を発明し、膨大な記録を残した。

秦の始皇帝 （P21）

紀元前221年に中国最初の統一国家となった秦王朝の皇帝。中国ではじめて皇帝を名乗ったため、始皇帝とよばれる。全国を郡と県に分けて統治する郡県制の採用や、防衛のために長大な城壁である万里の長城の建設などをおこなった。

絶対温度 （P27）

物質を形づくる分子や原子の動きが完全にとまったときの温度である絶対零度−273.15℃を、0としてあらわした温度のこと。

先史時代 （P16）

人類がまだ文字をつかっておらず、文字による史料が存在しない時代。遺跡や遺物などから研究がおこなわれている。

大宝律令 （P23）

大宝元年に制定された日本古代の法典。文武天皇の命令をうけて、刑部親王や藤原不比等などが編纂をおこなった。刑法を示す「律」と行政法・民法を示す「令」が日本ではじめてまとめられ、国の政治の権力が天皇中心となる中央集権化がすすんだ。

ハンムラビ王 （P21）

メソポタミアの統一をおこない、バビロンを首都とした大帝国を築いたバビロン第一王朝第六代の王。実物が現存するなかで世界最古の法典であるハンムラビ法典をつくりあげた。ハンムラビ法典の刑罰は「目には目を、歯には歯を」の復讐法を原則とし、身分によって刑罰の重さがことなっていた。

氷河時代 （P16）

地球の気候が寒冷になった影響で、広い地域が氷河におおわれた時代。寒冷な氷期と、氷期にくらべ暖かい間氷期のふたつがくりかえされていた。

ラスコー遺跡 （P16）

1940年に発見された、クロマニョン人による洞窟絵画の遺跡。牛や馬、現在は絶滅した動物などがえがかれている。

さくいん

さくいんは、本文および「もっとくわしく」から用語および単位名・人物名をのせています（用語解説に掲載しているものは省略）。

■著
稲葉茂勝（いなば　しげかつ）
1953年東京生まれ。大阪外国語大学、東京外国語大学卒業。国際理解教育学会会員。子ども向け書籍のプロデューサーとして約1500冊を手がけ、「子どもジャーナリスト（Journalist for Children）」としても活動。
著書として『目でみる単位の図鑑』、『目でみる算数の図鑑』、『目でみる１mmの図鑑』（いずれも東京書籍）や『これならわかる！ 科学の基礎のキソ』全8巻（丸善出版）、「あそび学」シリーズ（今人舎）など多数。2019年にNPO法人子ども大学くにたちを設立し、同理事長に就任して以来「SDGs子ども大学運動」を展開している。

■監修協力
佐藤純一（さとう　じゅんいち）
国立学園小学校校長。専門は算数。

小野　崇（おの　たかし）
桐朋学園小学校理科教諭。

■絵
荒賀賢二（あらが　けんじ）
1973年生まれ。『できるまで大図鑑』（東京書籍）、『電気がいちばんわかる本』全5巻（ポプラ社）、『多様性ってどんなこと？』全4巻（岩崎書店）など、児童書の挿絵や絵本を中心に活躍。

■編集
こどもくらぶ
あそび・教育・福祉分野で子どもに関する書籍を企画・編集。あすなろ書房の書籍として『著作権って何？』『お札になった21人の偉人 なるほどヒストリー』『すがたをかえる食べもの［つくる人と現場］』『新・はたらく犬とかかわる人たち』『狙われた国と地域』などがある。

※本シリーズでの単位記号の表記について
　このシリーズでは、「リットル」の表記を「L」、「アール」の表記を「a」、「グラム」の表記を「g」で統一しています。

■装丁／本文デザイン
長江知子

■企画・制作
株式会社 今人舎

■写真協力
表紙：©vladakela - stock.adobe.com
表紙、P8：©dezign56 - stock.adobe.com
表紙、P9：©BillionPhotos.com - stock.adobe.com
P21：©sailko/one more author
P21：写真提供　ユニフォトプレス
P29：©Maahmaah

■参考資料
文部科学省指導要領解説　算数編
https://www.mext.go.jp/content/20211102-mxt_kyoiku02-100002607_04.pdf

国立研究開発法人産業技術総合研究所
計量標準総合センターホームページ
「国際単位系（SI）」
https://unit.aist.go.jp/nmij/library/si-units/

日本計量史学会ホームページ
「計量の起源を探る」
https://www.keiryou-keisoku.co.jp/databank/gakkai/izanai.htm

シリーズ『お金について考える』（竹長脩行・監修　田中ひろし・著　こどもくらぶ・編　すずき出版・刊）

この本の情報は、2024年10月までに調べたものです。今後変更になる可能性がありますのでご了承ください。

「目からウロコ」単位の発明！　①いろいろな単位　単位とはなにか？　　　NDC410

2024年12月30日　　初版発行

著　者　　稲葉茂勝
発行者　　山浦真一
発行所　　株式会社あすなろ書房　　〒162-0041　東京都新宿区早稲田鶴巻町 551-4
　　　　　　電話　03-3203-3350（代表）
印刷・製本　株式会社シナノパブリッシングプレス

©2024　INABA Shigekatsu
Printed in Japan

32p／31cm
ISBN978-4-7515-3231-7

いろいろな面積の単位

- ■の部分は、左側に示すそれぞれの単位の1平方メートル（m²）、1アール（a）、1坪、1エーカー（ac）などを示している。
- ■の部分の上下を見ると、たとえば 1a が 100 m² とか 0.01 ha、30.25坪であることがわかる。

- たとえば昔の単位の1反は現代の単位ではどのくらいになるかを知ろうとした場合、1反を見れば、その2つ上の300から300坪だと、またいちばん上の数字から991.74 m² であるとわかる。

面積の単位の換算早見表

メートル法	平方メートル（m²）	1 m²	100	10000	1000000	3.31
	アール（a）	0.01	1a	100	10000	0.03
	ヘクタール（ha）	—	0.01	1ha	100	—
	平方キロメートル（km²）	—	—	0.01	1 km²	—
尺貫法	坪（歩）	0.3	30.25	3025	—	1坪
	畝	0.01	1.01	100.83	10083.3	0.03
	反	—	0.1	10.08	1008.33	—
	町	—	0.01	1.01	100.83	—
ヤード・ポンド法	平方フィート（ft²）	10.76	1076.39	—	—	35.58
	平方ヤード（yd²）	1.2	119.6	11959.9	—	3.95
	エーカー（ac）	—	0.02	2.47	247.11	—
	平方マイル（mile²）	—	—	—	0.39	—